Un día en la profundidad

por Kevin Kurtz

ilustrado por Erin E. Hunter

Si te sumerges en lo profundo del océano
hasta el fondo mil pies,
muchos animales encontrarás
que nunca has visto ¡jamás!

El sol todavía está brillando,
al zambullirte por primera vez al océano.
Flota la alga café en la cercana superficie
y, de la luz solar, hace su propio alimento.

Unos cuantos racimos de sargazo
parecen tener dos ojos saltones.
Es un pez con aletas como de alga
que espera a la presa con su natural disfraz.

Descendiendo quinientos pies,
con sus panzas resplandecientes verás a los tiburones.
Hay poca luz donde se juntan
son pequeños, se mueven lento, pero son dientones.

Un marlín se acerca de repente,
pero eso no los asusta, particularmente.
Lo ataca un tiburón tollo cigarro
y le da una mordida en forma circular.

Mil pies bajo el nivel del mar,
hay un pez con mandíbulas prominentes.
En la obscuridad espera, pacientemente,
como un ave de rapiña con afilados dientes.

El pez víbora su luz centellea
en su espina dorsal adherida,
para atraer a peces y crustáceos,
¡se acerca algo, lo ataca y la presa es ingerida!

Descendiendo quinientos pies,
casi no ves la luz del sol.
Aún, se esconden millones de plancton pequeñitos
en las profundidades de la noche, los chiquitos.

Cuando el sol se mete por la noche,
suben a la superficie para comer.
La obscuridad les brinda protección,
de depredadores en busca de su locación.

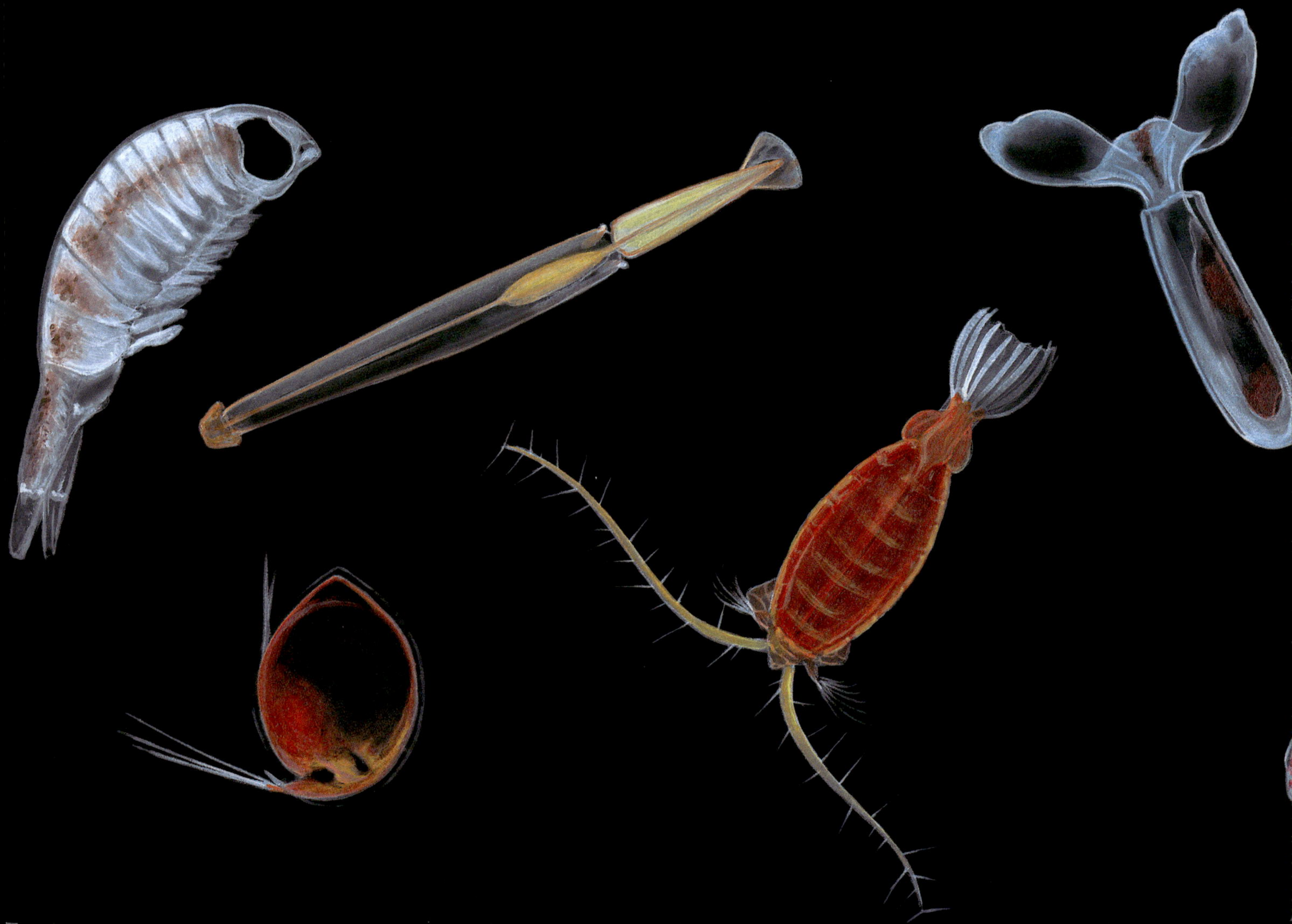

Dos mil pies bajo el nivel del mar,
unos rayos de color azul notarás.
Parece que brillan desde una linterna,
pero es un pez que se acerca . . . ¡ya verás!

El color azul ayuda al pez linterna
a visualizar a su comida desde lejos.
Si un camarón por su camino se atraviesa,
se vuelve, indudablemente, la presa.

Descendiendo quinientos pies,
ahí, en lo más negro de los negros lugares,
un calamar vampiro de adentro hacia fuera se está volteando
para esconderse de un tiburón que está rondando.

El tiburón anguila investiga más de cerca
con su nariz topando al calamar.
El calamar vampiro se escapa,
y con la mucosidad que brilla, lo empapa.

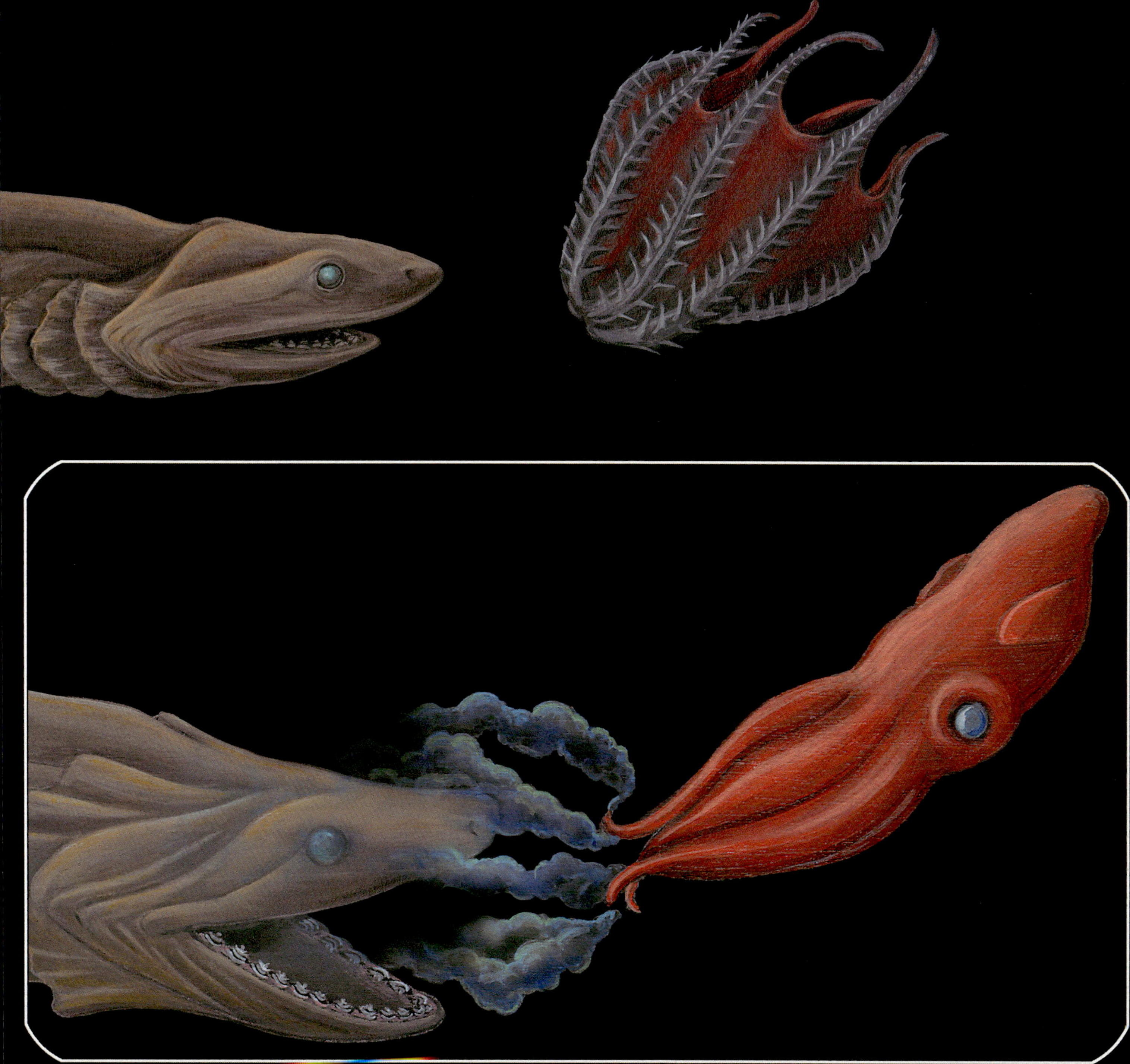

Tres mil pies bajo el nivel del mar,
un pez de visión como binoculares
viendo hacia arriba se queda,
aunque hay una luz apenas visible . . . tenue.

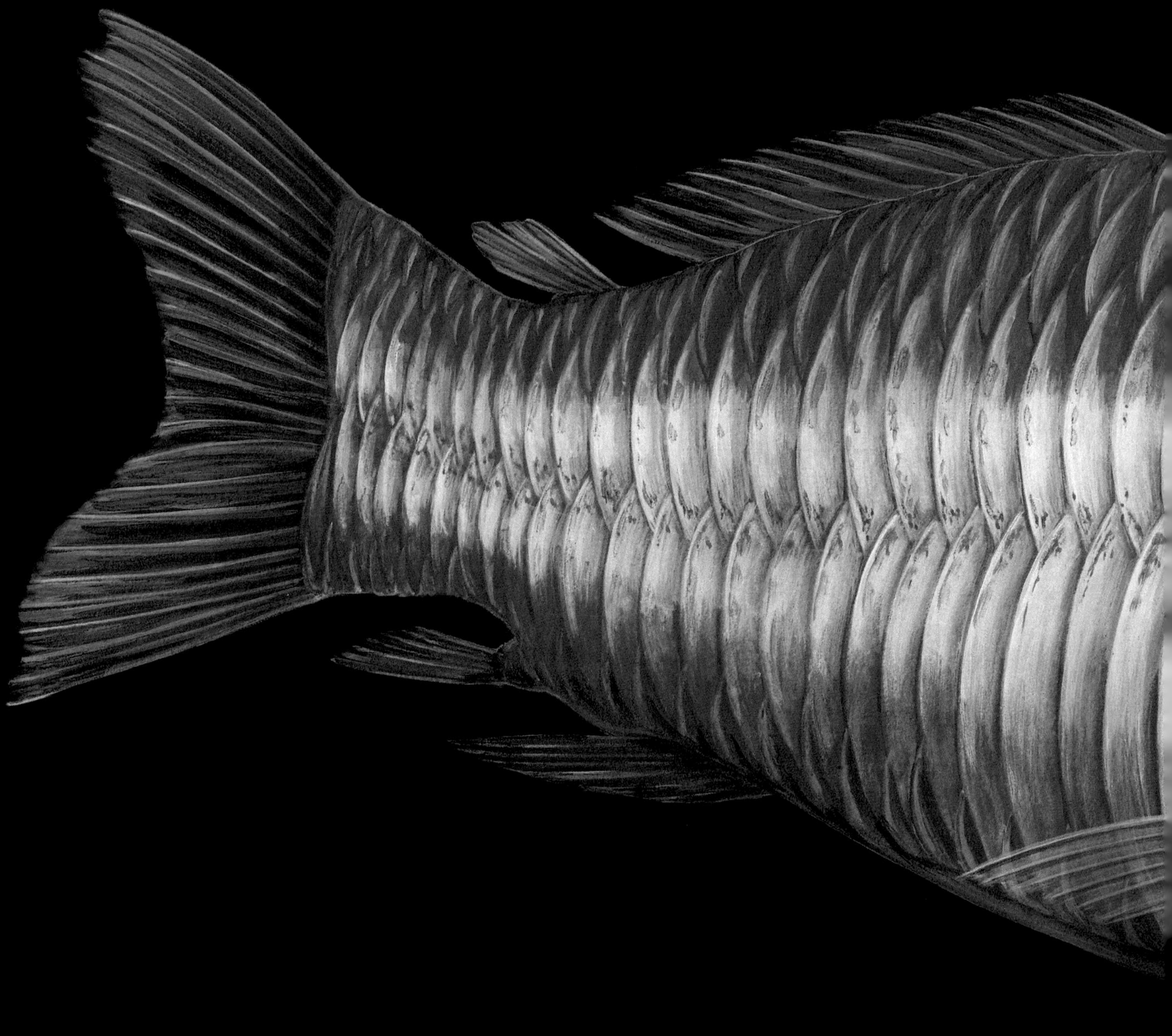

El pez duende tiene ojos largos, de barril,
bajo su piel que es toda transparente.
Los ojos inspeccionan la obscuridad,
con esperanza que aparezca una presa indiferente.

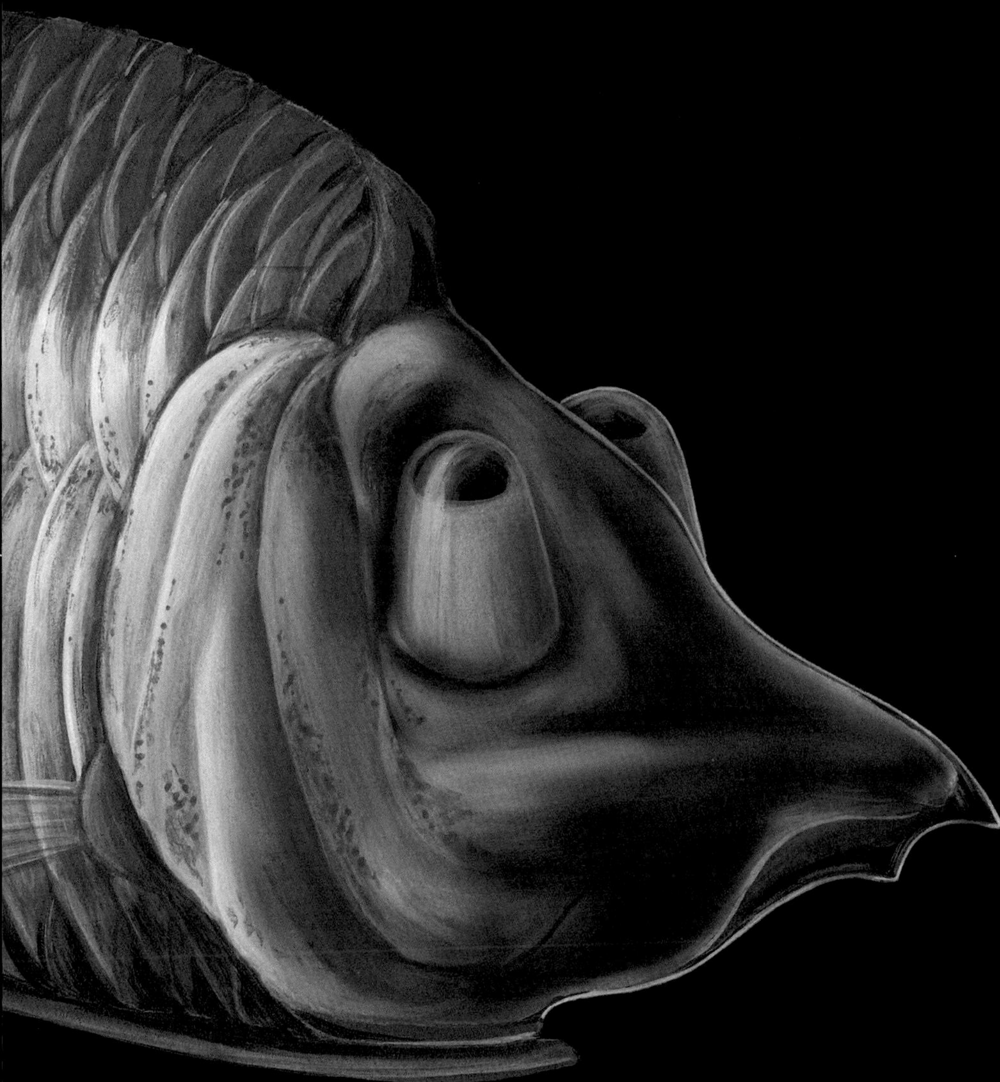

Descendiendo quinientos pies,
donde las algas no pueden crecer,
parece estar cayendo
una lluvia de nieve, que se puede comer.

La nieve marina—una mezcla de bacteria,
plancton muerto y en toneladas excremento—
le permite a algunos animales comer de esto,
en el lugar donde el sol no está despierto.

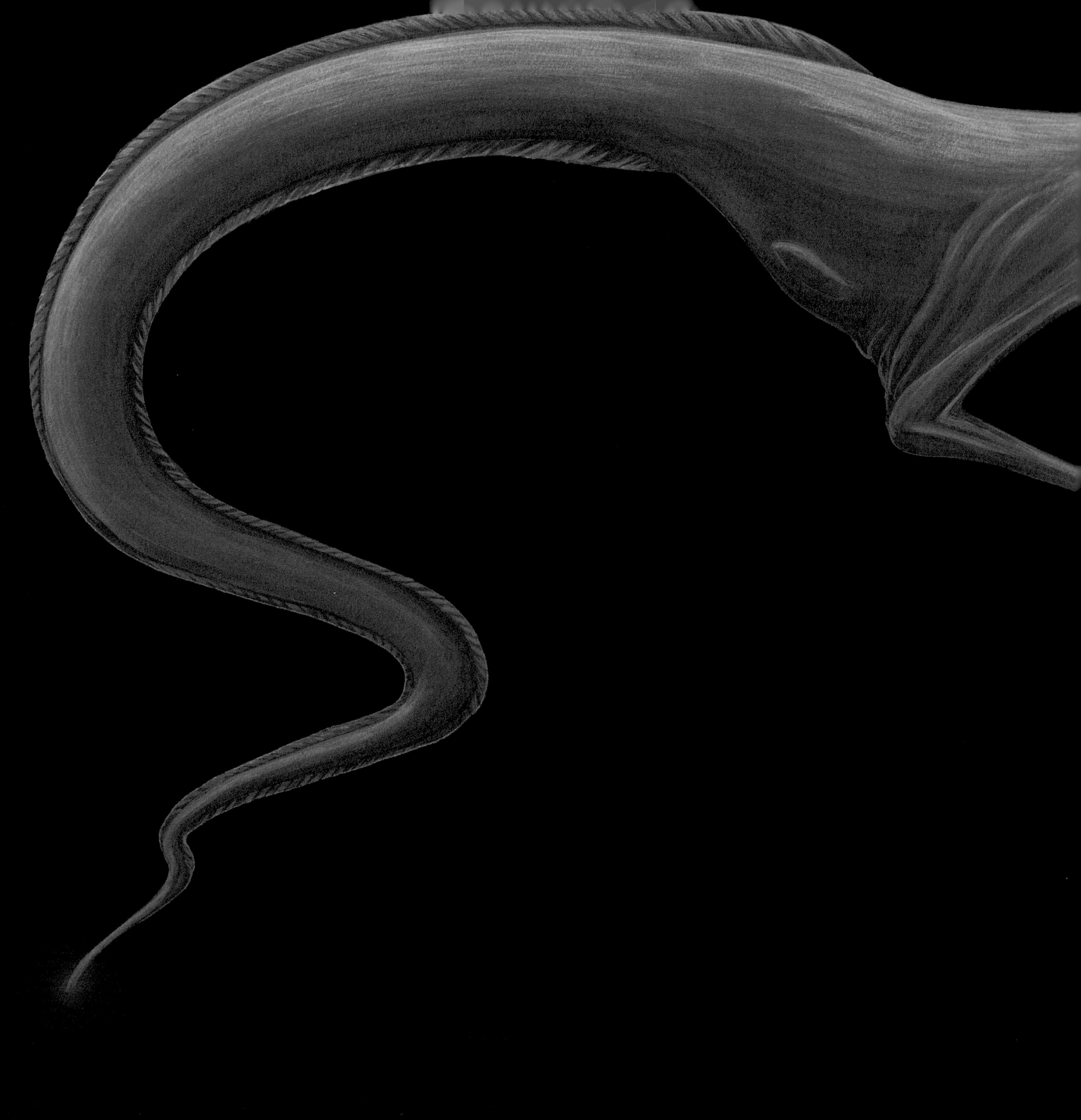

Cuatro mil pies bajo el nivel del mar,
un pez ha estado aquí por una semana,
esperando cazar una presa sana
con su boca parecida a un pico de pelícano.

Los peces pelícanos no son rápidos
y tampoco, son muy fuertes
pero sus grandes bocas se pueden abrir
y, de la misma longitud, a sus presas ingerir.

Descendiendo quinientos pies,
una medusa se convertirá rápidamente en una presa
pero, antes que sea ingerida la coronada,
como un juego pirotécnico aparece iluminada.

Sus luces atraen a un largo depredador
que responde a la alarma de la medusa,
comiéndose a su depredador más pequeño,
salvando a coronada de ser lastimada.

Cinco mil pies bajo el nivel del mar,
un pez seguro quiere estar,
que la presa pronto se le acercará
y una luz en su cabeza, como un anzuelo,
quiere utilizar.

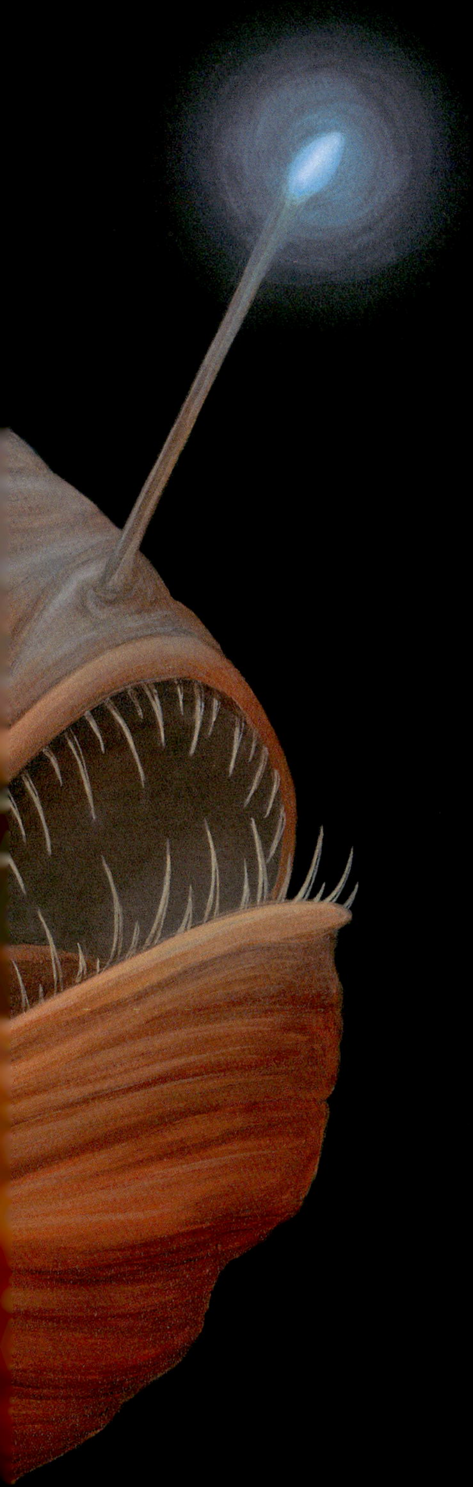

El pez teleósteo no caza solo.
Otros, en el viaje lo acompañan:
la bacteria que atrae a su anzuelo
y los machos que, a su lado, se sujetan.

Ya el fondo del mar has tocado
donde la mayoría de los animales no sobreviven.
La temperatura siempre está casi congelada.
La presión podría destrozarlos vivos.

Aún así, una explosión de vida aparece,
aquí en el fondo del océano.
Una ballena muerta se hundió desde la superficie,
los animales se la comerán aquí . . . por años.

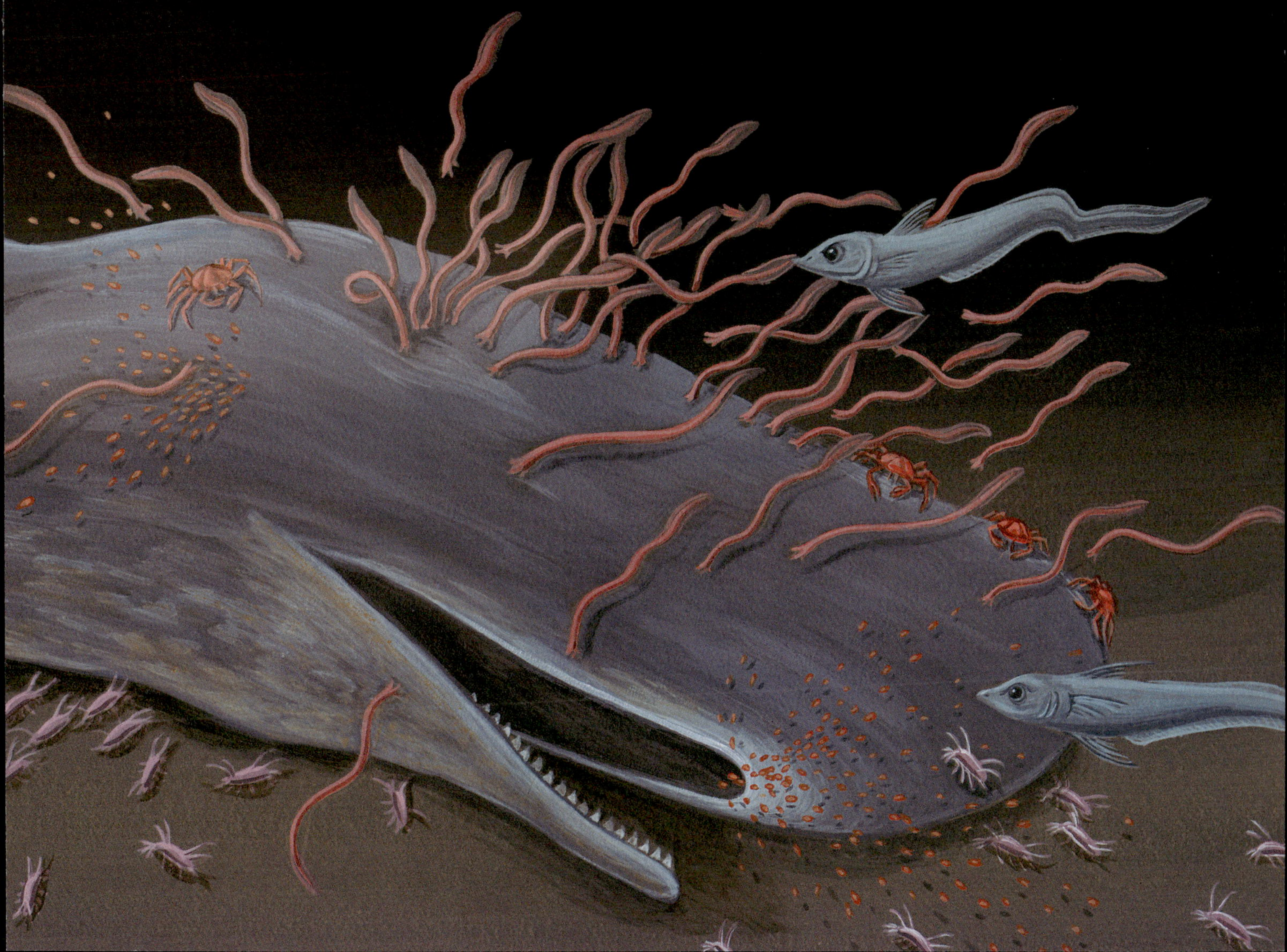

Para las mentes creativas

Hábitats de la profundidad del océano

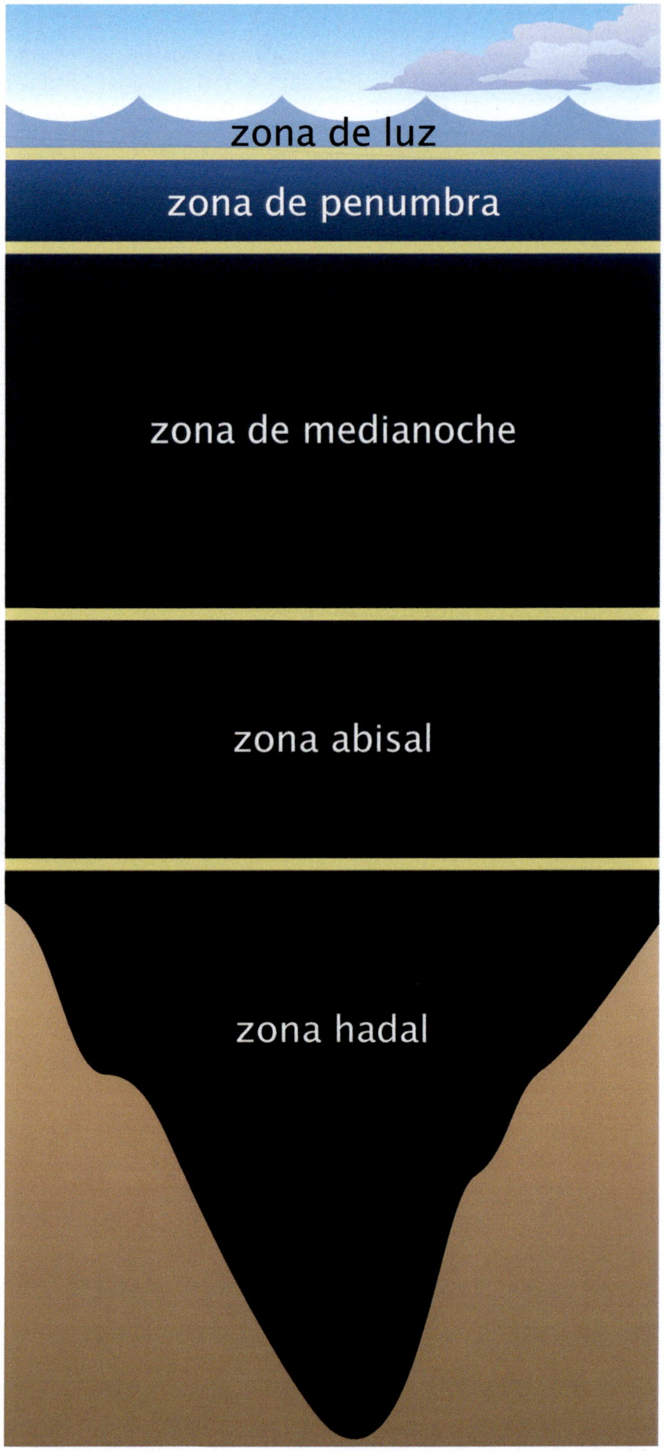

Mientras más profundo te sumerjas en el océano, más cambia el entorno. La luz desaparece, las temperaturas se hacen cada vez más frías, la presión aumenta demasiado y la cantidad de oxígeno en el agua disminuye pero se eleva nuevamente. Debido a que estos cambios afectan a los tipos de animales y otros organismos que pueden sobrevivir ahí, el océano se divide en cinco capas de profundidad llamadas zonas de vida.

Únicamente **la zona de luz** recibe suficiente luz solar para que las algas la conviertan en energía (fotosíntesis). Ya que la mayoría de las cadenas alimenticias empiezan por la fotosíntesis, esta es la zona en donde viven la mayoría de los animales.

La **zona de penumbra** todavía consigue algo de luz solar, pero no la suficiente para la fotosíntesis. Los animales que viven aquí pueden ya sea viajar a la zona de luz solar para alimentarse o depender de la comida que les cae desde arriba.

No hay luz en la zona de **medianoche**. La mayoría de los animales que viven aquí producen su propia luz a través de bioluminiscencia.

La **zona abisal** es de una obscuridad total, casi congelada, cuenta con poco oxígeno y una presión increíble; a pesar de todo, ahí existe vida marina.

En las fosas oceánicas profundas se encuentra la **zona hadal**. Es como la zona abisal, excepto que tiene una presión inmensa.

Une al animal con su zona de vida

Si vieras a estos seres vivos en cada una de estas profundidades, ¿en cuál zona te encontrarías?

0-660 pies (0-200 metros): zona de luz
660-3,300 pies (200-1,000 metros): zona de penumbra
3300-13,100 pies (1,000-4,000 metros): zona de medianoche
13,100-19,700 pies (4,000-6,000 metros): zona abisal
19,700 pies (6,000 metros) y más profundo: zona hadal

pez teleósteo
5,000 pies / 1,520 metros

tiburón anguila
2,500 pies / 762 metros

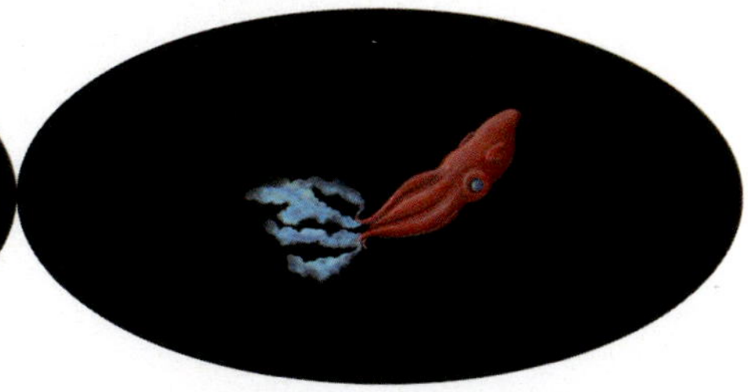

calamar vampiro
2,500 pies / 762 metros

pez duende
3,000 pies / 914 metros

plancton
1,500 pies / 457 metros

pez marlín
500 pies / 152 metros

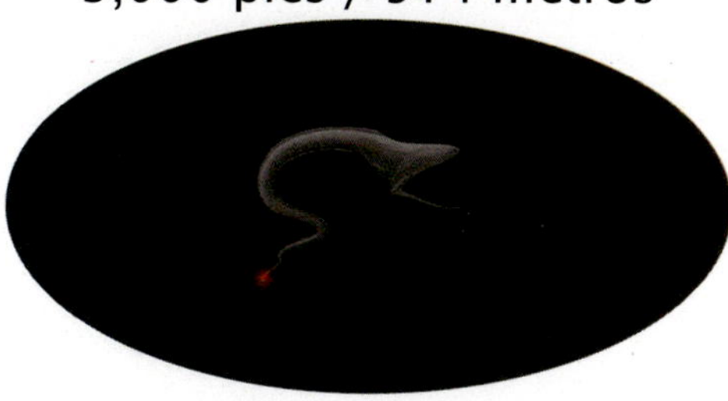

pez pelícano
4,000 pies / 1,219 metros

pez sargazo
la superficie

pez linterna
2,000 pies / 610 metros

tiburón tollo cigarro
500 pies / 152 metros

pez víbora
1,000 pies / 305 metros

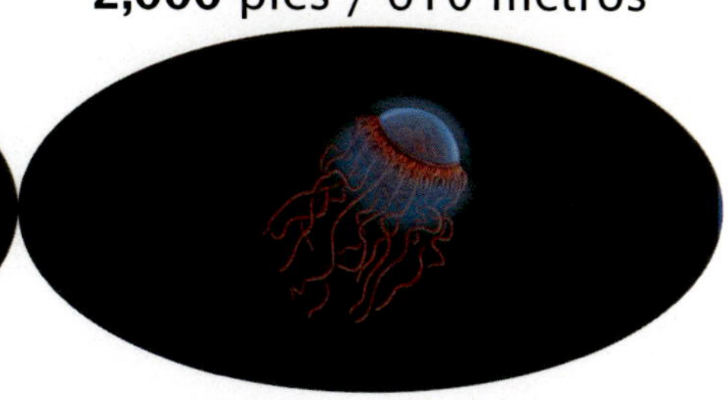

medusa coronada
4,500 pies / 1,372 metros

Respuestas: Zona de luz: tiburones tollo cigarro, pez espada, pez sargazo.
Zona de penumbra: plancton, tiburón anguila, pez linterna, pez duende, calamar vampiro, pez víbora.
Zona de medianoche: pez teleósteo, medusas coronadas, peces pelícanos.

Brillando en la obscuridad

Debido a que la luz solar no puede penetrar profundamente en el agua, la mayor parte del océano es completamente negra. El océano profundo es tan negro que si estuvieras allí, ni siquiera podrías ver tus propias manos o pies. Muchos animales que viven en la oscuridad producen su propia luz, similar a como se encienden las luciérnagas. Las partes de los cuerpos que componen la luz son llamados fotóforos. Cuando los seres vivos producen luz, se denomina bioluminiscencia. Los animales de aguas profundas utilizan la bioluminiscencia para atraer a la presa, para esconderse, para atraer o asustar a los depredadores y para encontrar pareja. Debido a que la profundidad del océano es completamente negra, no verías el cuerpo del animal allí, sino únicamente las luces que ellos producen.

Empareja a los animales de aguas profundas con las descripciones.

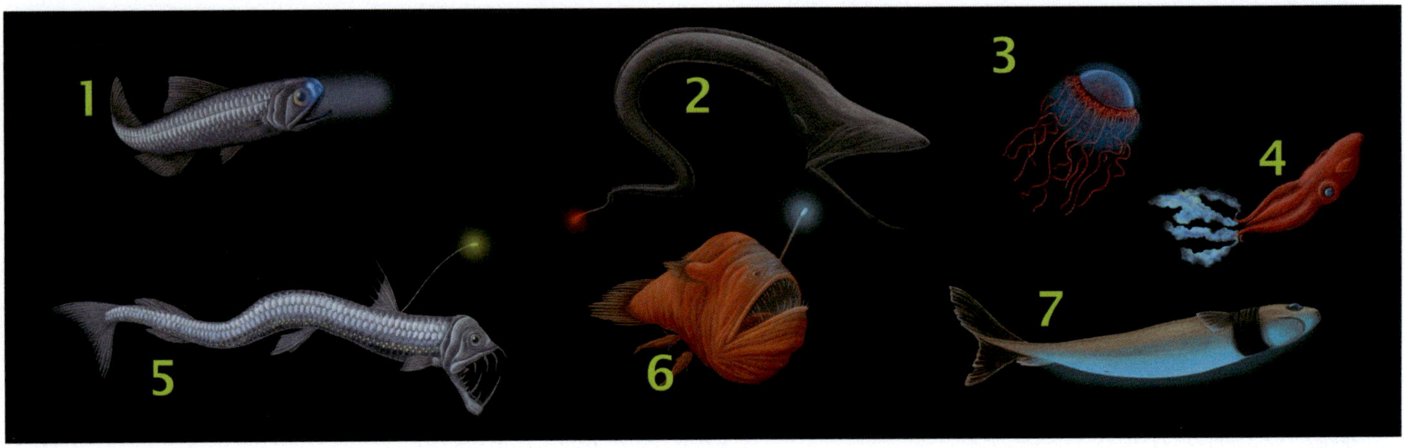

Los tiburones tollo cigarros atraen a los depredadores con unos parches en sus brillantes vientres. Los animales más grandes piensan que los van a conseguir como alimento, pero los tiburones tollo cigarros los muerden. Estos tiburones obtienen suficiente alimento de las mordidas, pero las mordeduras no matan a los animales.

Muchos animales se sienten atraídos por las luces intermitentes. Los peces víbora “encienden” su luz—se iluminan a lo largo del vientre y al final de las primeras espinas largas, justo detrás de la cabeza. Cuando otros animales vienen a verlo, el pez víbora atrapa a sus presas.

El calamar vampiro escapa de los depredadores disparando una mucosidad brillosa. Los depredadores verán la mucosidad pero no al animal, el cual se aleja nadando.

Las medusas coronadas se iluminan con luces azules para atraer a sus presas. Ellas también lo hacen cuando se ven amenazadas por los depredadores, atrayendo a otros depredadores para ahuyentar a los primeros.

Si alguna vez has ido de pesca, probablemente has utilizado un señuelo para atraer a los peces. Los peces teleósteos hacen lo mismo utilizando “señuelos” luminosos en la parte superior de sus cabezas.

Los peces pelícano también utilizan señuelos. Estos se encuentran al final de sus colas y destellan colores rosa y rojo. Jalan sus colas cerca de sus bocas para que puedan atrapar a los animales atraídos por las luces.

Respuestas: 1. pez linterna, 2. pez pelícano, 3. medusa coronada, 4. calamar vampiro, 5. pez víbora, 6. pez teleósteo, 7. tiburón tollo cigarro.

Viviendo bajo presión

Aprieta tu brazo izquierdo con la mano derecha. La fuerza que sientes de tu mano se llama presión. Cada vez que algo empuja en contra de otra cosa, crea presión. Cuando el aire es atraído hacia la tierra por la gravedad, ¡también se crea presión! A nivel del mar, el aire crea 14.7 libras de presión por pulgada cuadrada. Los científicos llaman a estas libras por pulgada cuadrada una "atmósfera." ¡Esto es como tener un gato gordo parado en cada centímetro cuadrado de tu cuerpo!

El agua crea aún más presión que el aire. Cuanto más profundo te sumerjas en el océano, habrá más presión. Mientras más abajo te sumerjas, la presión que tú sientes aumenta una atmósfera cada 33 pies. La parte más profunda del océano tiene una presión de más de 8 toneladas por pulgada cuadrada. ¡Eso es mucha presión para los seres humanos! Pero todavía hay animales que viven allí, incluso a esa presión. Hay animales que viven en cada profundidad del océano.

Una pulgada cuadrada

¿Cómo se siente la presión en el fondo del océano?

Profundidad:		PSI (libras por pulgada cuadrada—por sus siglas en inglés)	¡Imagínate que esto está parado en cada una de las pulgadas cuadradas de tu cuerpo!
pies	metros		
nivel del mar		14.7 psi	gato gordo
500	152.4	223 psi	jugador profesional de fútbol
1,000	304.8	445 psi	león
1,500	457.2	668 psi	motocicleta
2,000	609.6	890 psi	oso polar
2,500	762.0	1,114 psi	manatí
3,000	914.4	1,335 psi	tiburón tigre
3,500	1,066.8	1,558 psi	vaca Holstein
4,000	1,219.2	1,780 psi	automóvil smart y su conductor
4,500	1,371.6	2,003 psi	bisonte

Con agradecimiento al Dr. George I. Matsumoto, *Senior Education y Research Specialist* en el *Monterey Bay Aquarium Research Institute* por verificar la autenticidad de la información en este libro.

Library of Congress Cataloging-in-Publication Data

Kurtz, Kevin.
[Day in the deep. Spanish]
Un día en la profundidad / by Kevin Kurtz ; illustrated by Erin E. Hunter ; [translated into Spanish by Rosalyna Toth].
pages cm
Audience: Age 4-9.
ISBN 978-1-60718-715-8 (Spanish hardcover) -- ISBN 978-1-60718-699-1 (Spanish paperback) -- ISBN 978-1-60718-653-3 (Spanish ebook (downloadable)) -- ISBN 978-1-60718-665-6 (interactive English/Spanish ebook (Web-based)) -- ISBN 978-1-60718-617-5 (English hardcover) -- ISBN 978-1-60718-629-8 (English paperback) -- ISBN 978-1-60718-641-0 (English ebook (downloadable))
1. Deep-sea animals--Juvenile literature. I. Hunter, Erin E., illustrator. II. Title.
QL125.5.K8718 2013
591.77--dc23

2012045090

Elaborado en los EE.UU.
Este producto se ajusta al CPSIA 2008
Arbordale Publishing
anteriormente Sylvan Dell Publishing
Mt. Pleasant, SC 29464
www.ArbordalePublishing.com